"煮"妇的时尚新厨房

犀文图书 编著

U0380715

DELICIOUS FOOD

豆浆机

美味食谱

Food

中国农业出版社

前 言 PREFACE

　　在这个物质生活极大丰富的时代，小家电厨具也融入了市民的家庭生活中，成为"煮"妇们的得力助手。这些时尚的厨房小家电，以其新颖的设计、实用的功能、简单的操作，备受大众的喜爱。

　　"'煮'妇的时尚新厨房"选择了几款新颖时尚的小家电，以通俗的文字、精美的配图，科学、系统地介绍了每种小家电的使用技巧和美味食谱。为您的生活添加趣味。

　　豆浆营养丰富，四季皆宜，常饮对身体健康大有裨益。本书主要介绍了一百多款用豆浆机做出来的美味豆浆，按食材分为五谷豆浆、果蔬豆浆、花式豆浆、营养米糊和果蔬汁五类，涵盖范围广，内容丰富，排版设计新颖、美观、大方。自己亲手做豆浆，轻松又健康。只要轻轻一按，就能享受一杯美味、营养、健康的豆浆。

目 录 CONTENTS

使用豆浆机时的**注意事项**

1. 机头内请勿进水。

2. 拿出或放入机头部分前，请先切断电源。

3. 煮浆时请将机器置于儿童不易触摸的地方。

4. 制作豆浆时，请先将豆或其他原料加入杯体内，然后再加水至上下水位线之间。

5. 拉法尔网及时清洗干净。

6. 电热器、防溢电极和温度传感器请及时清洗干净。

7. 拆卸拉法尔网时请注意使用正确方法，以免伤人。

8. 若机器采用高速电机，粉碎时出现间歇性忽快忽慢的声音属正常现象。

9. 机器工作时，与插座等保持一定的距离，使插头处于可触及范围，并远离易燃易爆物品，同时电源插座接地线必须保持良好接地。

10. 按键时请按照使用说明按压功能键，选择相应的工作程序，否则制作的豆浆不能满足要求。

11. 机器工作后期或工作完成后，请勿拔、插电源线插头并重新按键执行工作程序，否则可能造成豆浆溢出或长鸣报警。

12. 机器工作时，请不要忘记安装拉法尔网，否则机器在打浆过程中会有溢出，以免溅出烫伤。

13. 豆子，米类等放入杯体内时，注意尽量均匀平放在杯体底部。

14. 如果在机器工作过程中停电（尤其是打浆后期至工作完成期间）请不要再按下功能键进行工作，否则会造成加热器糊管。

15. 如果电源线损坏，必须到公司售后服务部门购买专用电源线来更换。

16. 随机附送的过滤杯是过滤豆浆用的，制作豆浆时一定要从杯体内取出。

17. 制浆完成后，尤其全营养豆浆和绿豆豆浆冷却后，请不要再二次加热、打浆，否则会造成糊管。

适合豆浆机做的**食材**

黄豆：黄豆性平味甘，有健脾益气的作用，脾胃虚弱者宜常吃。用黄豆制成的各种豆制品如豆腐、豆浆等，也具有药性：豆腐可宽中益气、清热散血，尤其适宜痰热咳喘、伤风外感、咽喉肿痛者食用。

绿豆：绿豆营养丰富。籽粒含蛋白质20%～24%，脂肪0.5%～1.5%，碳水化合物55～65%及各种矿物质和维生素。蛋白质中含有人体必需的各种氨基酸。绿豆是防暑佳品，可制成多种糕点、粉丝、粉皮，酿制绿豆大曲和烧酒。

红豆：红豆富含淀粉，因此又被人们称为"饭豆"，它具有"利小便、消胀、除肿、止吐"的功能，被李时珍称为"心之谷"。红豆是人们生活中不可缺少的高营养、多功能的杂粮。

黑豆：现代人工作压力大，易出现体虚乏力的状况。黑豆就是一种有效的补肾品。根据中医理论，豆乃肾之谷，黑色属水，水走肾，所以肾虚的人食用黑豆是有益处的。黑豆对年轻女性来说，还有美容养颜的功效。

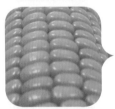

玉米：味甘性平，具有健脾利湿、开胃益智、宁心活血的作用。玉米油中的亚油酸能防止胆固醇向血管壁沉淀，对防止高血压、冠心病有积极作用。此外，它还有利尿和降低血糖的功效，特别适合糖尿病患者食用。玉米中所含的黄体素和玉米黄质可以预防老年人眼睛黄斑性病变的发生。

花生：花生中的脂肪含量为44%～45%，蛋白质含量为24%～36%，含糖量为20%左右，并含有维生素B_1、维生素B_2、烟酸等多种维生素。有促进人的脑细胞发育，增强记忆的作用。

黑芝麻：药食两用，具有"补肝肾，滋五脏，益精血，润肠燥"等功效，被视为滋补圣品。黑芝麻具有保健功效，一方面是因为含有优质蛋白质和丰富的矿物质，另一方面是因为含有丰富的不饱和脂肪酸、维生素E和珍贵的芝麻素及黑色素。

喝豆浆的好处

　　在以天然安全为原则的新美容大潮中，豆浆的美容疗效正为大众所认识，豆浆除了在营养上不输于牛奶以外，还是更为价廉物美的美容品。豆浆含有多种营养素和特别成分，保留了大豆中最为女性所需的营养；并且豆浆中的热量远比牛奶低得多，即使在减肥的人也可以放心饮用。

豆浆中的主要成分

异黄酮：丰富的类雌激素异黄酮，能改善月经不调以及其他因雌性激素减少而引起的不适，还能减少骨骼中的钙流失，预防骨质疏松。

大豆蛋白：豆浆中的大豆蛋白是优质的植物蛋白，能提供人体无法自己合成、必须从饮食中吸收的 9 种氨基酸。大豆蛋白还能提高脂肪的燃烧率，促使过剩的胆固醇排泄出去，使血液中胆固醇含量保持在低水平，从而软化血管，稳定血压，预防肥胖。

皂角苷：有强大的抗氧化作用，能抑制色斑的生成，还能促进脂肪代谢，防止脂肪聚集。

亚油酸、亚麻酸：豆浆中的亚油酸能降低血液中的胆固醇和中性脂肪的含量，亚麻酸则有提高学习能力、抗过敏、让血液更清洁的作用。

低聚糖：能直接到达肠内，促进肠内乳酸菌等细菌的繁殖，提高肠的代谢，防止便秘，还能帮助预防食物中毒和大肠癌。

大豆卵磷脂：卵磷脂对细胞的正常活动非常重要，它能促进新陈代谢，延缓细胞老化，让身体保持年轻，还可预防色斑和暗沉。

直接饮用是发挥豆浆美容疗效的好方法，想更年轻漂亮，就喝豆浆吧，多多益善。

九类人不宜吃豆制品

豆制品虽然营养丰富，色香味俱佳，但也并非人人皆宜，患有以下疾病者都应当忌食或者少吃：

（1）消化性溃疡：严重消化性溃疡病人不要食用黄豆、蚕豆、豆腐丝、豆腐干等豆制品，因为其中嘌呤含量高，有促进胃液分泌的作用；豆中的膳食纤维还会对胃黏膜造成机械性损伤。豆类所含的低聚糖如水苏糖和棉子糖，虽然不能被消化酶分解而消化吸收，但可被肠道细菌发酵，能分解产生一些小分子的气体，进而引起嗝气、肠鸣、腹胀、腹痛等症状。

（2）胃炎：急性胃炎和慢性浅表性胃炎病人也不要食用豆制品，以免刺激胃酸分泌和引起胃肠胀气。

（3）肾脏疾病：肾炎、肾功能衰竭和肾脏透析病人应采用低蛋白饮食，为了保证身体的基本需要，应在限量范围内选用必需氨基酸含量丰富而非必需氨基酸含量低的食品，与动物性蛋白质相比，豆类含非必需氨基酸较高，故应禁食。

（4）糖尿病：引起糖尿病患者死亡的主要并发症是糖尿病肾病，当病人有尿素氮潴留时，也不宜食用豆制品。

（5）伤寒病：尽管长期高热的伤寒病人应摄取高热量高蛋白饮食，但在急性期和恢复期，为预防出现腹胀，不宜饮用豆浆，以免产气。

（6）急性胰腺炎：急性胰腺炎发作时，患者可饮用高碳水化合物的清流质，但忌用能刺激胃液和胰液分泌的豆浆等。

（7）痛风：痛风的发病机理是嘌呤代谢紊乱，以高尿酸血症为重要特征。该病多见于富裕家庭中，高蛋白高脂肪膳食容易引起痛风。食物蛋白质多与核酸结合成核蛋白，其中核酸分解为嘌呤，继而分解为尿酸。因此在急性期要禁用含嘌呤多的食物，其中包括干豆类及豆制品，即使在缓解期也要有限制地食用。

（8）半乳糖及乳糖不耐受症：由于这些病人体内缺乏与半乳糖和乳糖分解、代谢有关的酶，在饮食上应忌食含乳糖的食物。豆类食品中的水苏糖和棉子糖在肠道分解后可产生一部分半乳糖，所以，严重患者应禁用豆制品，以免加重病情。

（9）苯丙酮酸尿症：这是儿童常见的一种先天性代谢缺陷病。对这种病的治疗方法主要是依靠食用特制的低苯丙氨酸食品来控制血液中苯丙氨酸的浓度，同时注意禁食或少用富含蛋白质的豆制品和动物性食品等。

五谷豆浆

WU GU DOU JIANG

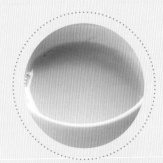

黄豆浆

材料

黄豆 100 克，白糖适量。

做 法

① 将黄豆洗净，浸泡 6~8 小时。

② 将黄豆放入豆浆机内，加适量清水，按"豆浆"键。

③ 待豆浆成时，加入白糖调味即可。

【营养功效】

黄豆含有丰富的优良蛋白质，其味甘、性平，具有健脾宽中、润燥消水、清热解毒的功效。

🍴 小贴士

豆浆性质偏寒，消化不良、嗝气和肾功能不好的人，最好少喝豆浆。

红豆浆

材料

红豆 80 克，白糖适量。

做法

1. 将红豆洗净，用清水浸泡 4 小时。

2. 将红豆放入豆浆机，加入清水，接通电源，启动豆浆机，按"五谷"键。

3. 待豆浆制成，加入适量白糖调味即可。

【营养功效】

红豆富含蛋白质及多种矿物质，有补益脾胃、养气补血、利尿消肿的功效。

小贴士

红豆具有利水的功能，故尿多之人不宜多食。

绿豆浆

绿豆 80 克，白糖适量。

做 法

① 将绿豆洗净，浸泡 8 小时。

② 将泡好的绿豆放入豆浆机中，加入清水，启动机器，按"五谷"键。

③ 趁热往豆浆中加入白糖，搅匀即可。

【营养功效】

此豆浆具有清热解暑、利水消肿、润喉止渴、明目降压等功效。

🍳 小贴士

体质虚寒的人不能频繁饮用。

黑豆浆

材料

黑豆 80 克，白糖适量。

做 法

① 先将黑豆洗干净，再浸泡 6 小时。

② 将黑豆放入豆浆机内，加入适量水，启动豆浆机，按"五谷"键。

③ 待黑豆浆成，盛出，加白糖调味即可。

【营养功效】

黑豆浆比黄豆浆的营养更全面一些，因为黑豆比黄豆的蛋白质、钾、维生素含量略高，所以在清火、利水、抗氧化等方面的作用更强。

🍳 小贴士

急性胃炎和慢性浅表性胃炎患者不宜食用。

五豆豆浆

材料

黄豆 30 克，黑豆、豌豆、毛豆、花生仁各适量。

【营养功效】

豌豆味甘、性平，归脾、胃经，具有益中气、止泻、利小便、消痈肿等功效，对脚气、乳汁不通、脾胃不适、呃逆呕吐等病症，有一定的食疗作用。

🍳 小贴士

哺乳期女性多吃点豌豆还可增加奶量。

做 法

① 将黄豆、黑豆、豌豆、花生仁浸泡 8 小时，备用。将毛豆洗净，备用。

② 将黄豆、黑豆、豌豆、毛豆、花生仁放入豆浆机中，加入清水，启动豆浆机。

③ 待豆浆成，倒出过滤即可。

枸杞子豆浆

材料

黄豆 60 克，枸杞子 10 克。

做法

① 将黄豆洗净，浸泡 8 小时，备用；枸杞子洗净。

② 将黄豆、枸杞子放入豆浆机内，加入清水，启动豆浆机。

③ 待豆浆成，倒出过滤即可。

【营养功效】

枸杞子豆浆含有胡萝卜素、维生素 B_1、维生素 B_2、烟酸、维生素 C、维生素 E、多种游离氨基酸、亚油酸、铁、钾、锌、钙、磷等营养成分，可增强机体免疫功能。

小贴士

枸杞子不适宜外感湿热、脾虚泄泻者服用。

黑芝麻豆浆

材料

黄豆 60 克，黑芝麻 20 克，蜂蜜 1 勺，清水适量。

做法

1. 将黄豆洗净后，浸泡 6 ~ 10 小时。

2. 将泡好的黄豆和黑芝麻一起装入豆浆机网罩内，加入适量清水，启动豆浆机。

3. 十几分钟后，豆浆煮热；稍凉后加入蜂蜜即可。

【营养功效】

入脾、肺、大肠，乌发养发，润肤美颜，补肺气，滋补肝肾，润肠通便，养血增乳。

🍴 小贴士

适宜女性常喝。

黑芝麻栗子浆

材料

黑芝麻、栗子各100克。

做 法

① 黑芝麻用小火炒熟；栗子去壳，切块。

② 将黑芝麻、栗子一起放入豆浆机中，接通电源，按"五谷"键。

③ 待糊成，搅匀即可。

【营养功效】

栗子能补脾健胃、补肾强筋、活血止血，对肾虚有良好的疗效，故又称"肾之果"。

🍳 小贴士

栗子难以消化，不宜多食，否则会引起胃脘饱胀。

黑豆
核桃豆浆

材料

黑豆 100 克，黄豆 50 克，核桃仁 25 克。

【营养功效】

此豆浆能增强眼内肌力，加强调节功能，改善眼疲劳。

🍳 小贴士

阴虚火旺、便溏腹泻者不宜食用。

做 法

① 将黑豆、黄豆淘洗干净，分别浸泡 6 小时；核桃仁切碎。

② 将黑豆、黄豆、核桃仁一起放入豆浆机中，加清水，接通电源，启动豆浆机。

③ 待豆浆成，盛出即可。

黑米
黑豆汁

材料

黑豆 150 克，黑米
50 克。

做法

① 黑豆和黑米分别洗净，再用清水浸泡
8 小时。

② 将黑豆、黑米放入豆浆机中，加适量
的清水，接通电源，启动豆浆机，按"五
谷"键。

③ 待豆浆成，过滤即可。

【营养功效】

黑米具有滋阴补肾、健身暖胃、明
目活血、清肝润肠、滑湿益精、补肺缓
筋等功效。

🍳 小贴士

脾胃虚弱的小孩或老年人不宜食用。

黑米黄豆浆

 材料

黑米、黄豆各 50 克，黑芝麻、白糖各适量。

做 法

① 将黑米、黄豆分别洗净，再用清水浸泡 8 小时；将黑芝麻炒香。

② 黑米、黄豆、黑芝麻一起放入豆浆机中，加适量的清水，接通电源，按"五谷"键。

③ 待豆浆成，过滤，加入适量白糖搅匀即可。

【营养功效】

黑米对头昏目眩、贫血白发、腰膝酸软、夜盲耳鸣等症的疗效尤佳。

🍳 小贴士

适宜产后血虚、病后体虚者食用。

糯米
黑豆汁

材料

黑豆 50 克，糯米 50 克，白糖适量。

做 法

① 黑豆洗净用清水泡软；糯米淘洗干净。

② 将黑豆、糯米一起放入豆浆机中，加入适量清水，接通电源，启动豆浆机。

③ 待豆浆制成，加入白糖搅匀即可。

【营养功效】

经常食用糯米，有益于胃虚寒所致的反胃、食欲减少、神经衰弱、肌肉无力、体虚神疲等症状。

小贴士

由于糯米极黏，难以消化，脾胃虚弱者不宜多食；老人、小孩或病人慎食。

松仁
黑芝麻浆

材料

黑芝麻 100 克，松仁 20 克，马蹄粉 30 克，食用油 30 毫升，糖适量。

【营养功效】

松仁性温味甘,具有养阴、熄风、润肺、滑肠等功效,其营养丰富、口感甘脆。

🍳 小贴士

脾虚腹泻以及多痰患者不宜食用松仁。

做法

① 松仁用食用油炒熟，盛起滤油。

② 将黑芝麻加水放入豆浆机打碎。

③ 马蹄粉加凉水拌成粉浆，将马蹄粉浆倒入黑芝麻糊内，加入糖，撒上松仁即成。

益智豆浆

材料

黄豆 55 克，核桃仁 10 克，黑芝麻 5 克。

做法

① 将黄豆洗净浸泡 6 小时；核桃仁、黑芝麻分别洗净。

② 将泡好的黄豆、核桃仁、黑芝麻一起放入豆浆机中，加入足量清水，接通电源，启动豆浆机。

③ 待豆浆成，倒出即可。

【营养功效】

若久吃以核桃仁磨粉煮成的"核桃粥"，能滋养肌肤，使人肌肤白嫩，特别是皮肤衰老的老年人更宜常吃。

🍴 **小贴士**

将核桃上蒸笼，用大火蒸 8 分钟取出，立即倒入冷水中浸泡 3 分钟，捞出后逐个破壳即可取出完整桃仁。

花生乳

材料

花生 60 克，白糖适量。

做 法

① 将花生浸泡 6 小时，备用。

② 将泡好的花生放入豆浆机内，加入适量的清水，启动豆浆机，按"五谷"键。

③ 待豆浆成，加入适量白糖调味即可。

【营养功效】

花生含有维生素E和锌，能增强记忆力，抗老化，延缓脑功能衰退，滋润皮肤。

🍵 **小贴士**

老少均可食用。

经典五谷豆浆

材料

黄豆 30 克，大米、小米、小麦仁、玉米渣各 10 克。

做法

① 将黄豆预先浸泡好，洗净备用；大米、小米分别淘洗干净；玉米渣洗净。

② 将大米、小米、小麦仁、玉米渣、黄豆一起放入豆浆机中，加适量的清水，接通电源，按"豆浆"键。

③ 待豆浆成，倒出过滤即可。

【营养功效】

此豆浆适用于普通人群及高血脂、高血压、动脉硬化、体虚、心烦、糖尿病等病人的保健饮用。

小贴士

淘米时不要用手搓，忌长时间浸泡或用热水淘米。

小麦豆浆

材料

黄豆、麦仁各 80 克。

【营养功效】

此豆浆消渴除热、益气宽中、养血安神。小麦富含碳水化合物、脂肪、蛋白质、粗纤维、钙、磷、钾、维生素B_1、维生素B_2及烟酸等营养成分。

🍳 小贴士

患有糖尿病者不适宜食用。

做 法

① 将黄豆预先浸泡好；麦仁洗净。

② 将麦仁、黄豆洗净，一起放入豆浆机中，加适量的清水，接通电源，按"豆浆"键。

③ 待豆浆制成，盛出即可。

燕麦豆浆

材料

黄豆 100 克，燕麦 80 克。

做法

① 将黄豆浸泡 8 小时，洗净。

② 将燕麦和泡好的黄豆，放入豆浆机中，加适量的清水，接通电源，按"豆浆"键。

③ 待豆浆制成，盛出即可。

【营养功效】

此豆浆益肝和胃，适用于肝胃不和，大便不畅，以及患有高胆固醇、高血压、动脉硬化、糖尿病等饮用。

小贴士

燕麦营养丰富，容易消化，适合老人和小孩食用。

荞麦豆浆

材料

黄豆、荞麦各30克。

做 法

① 将黄豆浸泡6小时，洗净；荞麦洗净。

② 将黄豆、荞麦放入豆浆机中，加适量的清水，接通电源，按"豆浆"键。

③ 待豆浆成，倒出过滤即可。

【营养功效】

荞麦性甘味凉，有开胃宽肠、下气消积、治绞肠痧、肠胃积滞、慢性泄泻等功效。

🍴 小贴士

挑选荞麦时应注意挑选大小均匀、质实饱满、有光泽的荞麦粒。

荞麦大米豆浆

材料

黄豆 50 克，荞麦、大米各 20 克。

做 法

① 先将黄豆浸泡 8 小时，洗净；荞麦、大米分别淘洗干净。

② 将黄豆、大米、荞麦一起放入豆浆机内，加适量的清水，接通电源，按"豆浆"键。

③ 待豆浆成，盛出过滤即可。

【营养功效】

荞麦有防治高血压、冠心病的作用。

🍵 小贴士

荞麦应在常温、干燥、通风的环境中储存。

薏米豆浆

材料

黄豆 40 克，薏米 10 克，白糖适量。

【营养功效】

香甜可口，美白瘦身。薏米是五谷类中纤维素含量最高的，而且低脂、低热量，是减肥的最佳主食。

🍳 小贴士

小便多者不宜食用。

做 法

① 将黄豆和薏米洗净之后，泡水 4～5 小时。

② 将泡好的薏米和黄豆一起放入豆浆机中，加入清水，启动机器。

③ 几分钟后过滤掉豆渣，加入白糖，即可饮用。

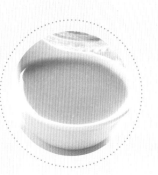

绿豆
薏米浆

材料

薏米 100 克，绿豆 50 克，燕麦片 25 克。

做法

① 绿豆、薏米分别清洗干净，浸泡 6 小时。

② 将绿豆、薏米、燕麦片一起放入豆浆机中，加适量的清水，接通电源，启动豆浆机，按"五谷"键。

③ 待浆成，搅匀即可。

【营养功效】

薏米含有丰富的蛋白质、油脂、维生素、矿物质和糖类，有美白、除斑功能，对下半身水肿的人尤具疗效。

🍴 小贴士

煮绿豆汤的时候不能加碱。因为绿豆富含 B 族维生素，它是绿豆解暑特性的一个重要组成部分，能够弥补出汗时的营养损失，而碱会严重破坏多种 B 族维生素。

红枣绿豆豆浆

材料

红枣（去核）15克，绿豆20克，黄豆40克，白糖50克。

做法

① 将绿豆、黄豆洗净后浸泡6小时；红枣洗净。

② 将红枣、绿豆、黄豆一起放入豆浆机中，加入清水，接通电源，启动豆浆机。

③ 待豆浆成，加入白糖调味即可。

【营养功效】

红枣中所含的葡萄糖甙A有镇静、催眠和降压作用，此豆浆具有安神、镇静之功效。

小贴士

红枣可以经常食用，但不可过量，否则会有损消化功能，造成便秘等症。

综合豆浆

材料

豌豆 40 克，黄豆 20 克，绿豆 10 克，白糖适量。

做法

①　将黄豆、绿豆分别洗净，浸泡8小时；豌豆洗净浸泡3小时。

②　将豌豆、黄豆、绿豆一起放入豆浆机内，加入清水，接通电源，启动豆浆机。

③　待豆浆成，加入白糖调味即可。

【营养功效】

豌豆富含不饱和脂肪酸和大豆磷脂，有保持血管弹性、健脑和防止脂肪肝形成的作用。

小贴士

皮肤病和慢性胰腺炎患者不宜食用。

玉米汁

材料

新鲜玉米粒 200 克，白糖适量。

【营养功效】

玉米汁富含人体必需的 30 多种营养物质，如铁、钙、硒、锌、钾、镁、锰、磷、谷胱甘肽、葡萄糖、氨基酸等。具有提高大脑细胞活力、提高记忆力、促进生长发育等作用。

小贴士

若觉得榨出的玉米汁不够浓稠，可在当中加入少许大米一同榨汁。

做法

① 将玉米粒洗净。

② 玉米粒、白糖一起放入豆浆机中，加入适量水，启动豆浆机。

③ 自动搅拌至成汁即可饮用。

玉米豆浆

材料

黄豆、玉米粒各30克。

做法

1. 先将黄豆浸泡6~8小时，洗净；玉米粒洗净。

2. 将玉米粒、黄豆一起放入豆浆机中，加适量的清水，接通电源，按"豆浆"键。

3. 待豆浆成时，倒出过滤即可。

【营养功效】

玉米含有丰富的膳食纤维，能降低胆固醇、预防高血压和冠心病，常食可使皮肤细嫩光滑、延缓皱纹。

小贴士

一次喝豆浆过多会导致蛋白质消化不良，出现腹胀、腹泻等不适症状。

玉米麦片汁

材料

玉米粒 100 克，燕麦片 50 克。

做法

1. 玉米粒洗净。

2. 将玉米粒放入豆浆机中，加入燕麦片，加清水适量，接通电源，启动豆浆机。

3. 待汁成，过滤盛出即可。

【营养功效】

玉米中含有大量镁元素，可加强肠壁蠕动，促进机体废物的排泄。

🍳 小贴士

患上高血压的人忌食玉米，因为玉米含有的膳食纤维较硬。

玉米扁豆木瓜汁

材料

新鲜玉米粒、白扁豆各 100 克，木瓜适量。

做法

① 玉米粒洗净；白扁豆洗净，浸泡 4 小时；木瓜去皮、籽后切成小块。

② 将玉米粒、扁豆、木瓜一起放入豆浆机中，加入适量清水，接通电源，按"五谷"键。

③ 待汁成，过滤即可。

【营养功效】

扁豆味甘、入脾胃经，是一味补脾而不滋腻，除湿而不燥烈的健脾化湿良药。

🍳 小贴士

扁豆一定要煮熟以后才能食用，否则可能会出现食物中毒现象。

核桃玉米浆

材料

核桃仁 100 克，玉米粉 15 克，白糖 10 克。

【营养功效】

核桃含有丰富的蛋白质、脂肪、无机盐、维生素，可作为高血压、动脉硬化患者的滋补品，有预防胆固醇增高的功效。

🍳 小贴士

核桃含有较多脂肪，多食会影响消化，所以不宜一次吃得太多。

做 法

① 核桃放入烤箱，将温度调至 150℃烤 15 分钟，取出待用。

② 核桃加玉米粉、清水倒入豆浆机搅拌。

③ 最后加入白糖调匀即可。

核桃
莲藕浆

材料

核桃仁 100 克，莲藕 30 克，白糖、食用油各适量。

做 法

① 将核桃仁洗净，用食用油炸酥。

② 莲藕去皮，切成小粒，磨成粉状。

③ 把核桃、莲藕粉一起放入豆浆机中，加入适量清水，接通电源，启动豆浆机。

④ 搅碎后，加入适量白糖调味即可。

【营养功效】

莲藕富含淀粉、蛋白质、B 族维生素、维生素 C、脂肪、碳水化合物及钙、磷、铁等多种矿物质，有明显的补益气血、增强人体免疫力。

🥄 小贴士

莲藕要挑选外皮呈黄褐色，肉肥厚且为白色的。如果莲藕发黑，有异味，则不宜食用。

毛豆豆浆

材料

黄豆 50 克，毛豆 100 克，白糖适量。

做 法

① 毛豆清洗干净备用。

② 将毛豆、黄豆放入豆浆机中，加入适量清水，接通电源，启动豆浆机。

③ 待豆浆制成，拌入白糖即可。

【营养功效】

毛豆中含有丰富的食物纤维，可以改善便秘，降低血压和胆固醇。

小贴士

一般人群均可食用，尿毒症患者忌食毛豆。

腰果豆浆

材料

黄豆 100 克，生腰果 60 克，烤熟腰果 50 克，白糖适量。

做法

1. 先将黄豆用清水浸泡至软；生腰果洗净，加水煮软化，取出；烤熟腰果切碎。
2. 将泡好的黄豆和生腰果一起放入豆浆机内，接通电源，启动豆浆机，打成豆浆。
3. 加入糖拌匀调味，待食用时加入熟腰果碎即可。

【营养功效】

腰果中维生素 B_1 的含量仅次于芝麻和花生，有补充体力、消除疲劳的效果，适合易疲倦的人食用。

小贴士

腰果应挑选外观呈完整月牙形、色泽白、饱满、气味香、油脂丰富的。

养生干果豆浆

材料

黄豆50克，腰果25克，莲子、栗子、薏米、冰糖各适量。

【营养功效】

经常食用腰果有强身健体、提高机体抗病能力等功效。

🍳 小贴士

最好将洗净的腰果也浸泡5个小时。

做法

① 先将黄豆清洗干净，用清水浸泡6小时；莲子、薏米分别洗净，浸泡至软；腰果洗净；栗子去壳。

② 将黄豆、莲子、薏米、腰果、栗子一起放入豆浆机内，加适量的清水，接通电源，按"五谷"键。

③ 待豆浆成，过滤盛出加入冰糖调味即可。

红枣枸杞子豆浆

材料

黄豆 45 克，红枣 15 克，枸杞子 10 克。

做 法

① 将黄豆洗净浸泡8小时；红枣洗净去核；枸杞子洗净。

② 将黄豆、红枣、枸杞子一起放入豆浆机内，加适量的清水，接通电源，启动豆浆机。

③ 待豆浆成，倒出过滤即可。

【营养功效】

此豆浆可补虚益气、安神补肾，改善心肌营养，防治心血管疾病。

🍴 小贴士

痰湿偏盛的人及腹部胀满者、舌苔厚腻者忌食。

小米汁

(材料)

小米 100 克，红糖适量。

做 法

① 将小米淘洗干净，浸泡 2 小时。

② 小米放入豆浆机中，加入适量清水，接通电源，启动豆浆机，按"五谷"键。

③ 待汁成，过滤，加入红糖搅匀即可。

【营养功效】

小米具有滋阴养血的功效，可以使产妇虚寒的体质得到调养，帮助她们恢复体力。

○ 小贴士

小米以颗粒饱满、充实、色鲜为佳，发霉变质者不宜食。

糯米红枣汁

材料

糯米 100 克，红枣 25 克，白糖适量。

做法

① 糯米淘洗干净，浸泡 3 小时；红枣洗净去核。

② 将糯米、红枣放入豆浆机中，加适量的清水，接通电源，按"五谷"键。

③ 待汁成，过滤，加入白糖搅匀即可。

【营养功效】

红枣性温味甘，具有益气补血、健脾和胃、祛风的功效，对肝脏、心血管系统、造血系统都有益。

🍳 小贴士

糖尿病人最好少食用。

.41.

红枣莲子豆浆

材料

黄豆60克，红枣20克，莲子10克，冰糖适量。

做法

① 将黄豆洗净，用清水浸泡6小时；红枣洗净去核；莲子去芯，泡水2小时。

② 将黄豆、红枣、莲子一起放入豆浆机中，加适量的清水，接通电源，按"五谷"键。

③ 待豆浆成，加入冰糖调味即可。

【营养功效】

冰糖具有润肺、止咳、清痰和去火的作用。

🍴 小贴士

如发现冰糖表面出现化水现象（即比较黏），则表明此时容易滋生细菌，最好不要食用。

糙米花生浆

材料

糙米 70 克，熟花生仁 10 克，白糖适量。

做法

① 糙米淘洗干净，用清水浸泡 3 小时。

② 将糙米、花生一起放入豆浆机内，加适量的清水，接通电源，启动豆浆机，按"五谷"键。

③ 待豆浆成，加入白糖搅匀。

【营养功效】

糙米对肥胖和胃肠功能障碍的患者有很好的疗效，能有效地调节体内新陈代谢，内分泌异常等。

🍳 小贴士

一般人群均可食用，尤适于肥胖、胃肠功能障碍、贫血等人食用。

杏仁花生牛奶

材料

甜杏仁 50 克，花生 30 克，糖 20 克，纯牛奶 200 毫升。

【营养功效】

杏仁含有丰富的单不饱和脂肪酸，有益于心脏健康；花生滋养补益，有助于延年益寿。

🍴 小贴士

打出的杏仁汁可以用筛网过滤，这样更香滑，若要原味，可不过滤。

做法

① 花生仁、杏仁放入锅内，干炒至变色。

② 炒好的花生仁、杏仁，连同 50 毫升牛奶，倒入豆浆机搅拌。

③ 剩下的 150 毫升牛奶煮沸，倒入花生仁汁，加糖调味即可。

香蕉玉米牛奶

材料

香蕉 100 克,牛奶 30 毫升,玉米面 5 克,白糖 5 克。

做 法

① 将香蕉剥皮后,切成段放进豆浆机内。

② 将牛奶倒入豆浆机中,加入玉米面和白糖,启动豆浆机。

③ 自动搅拌好后即可食用。

【营养功效】

香蕉味甘性寒,可清热润肠,促进肠胃蠕动。

🍴 小贴士

胃寒、虚寒、肾炎者不宜食用。

果蔬豆浆

GUO SHU DOU JIANG

果味豆浆

材料

黄豆50克，白糖100克，橘子汁100毫升。

做 法

① 将黄豆洗净，用水浸泡4～5小时，同清水一起放入豆浆机中打碎，过滤取汁。

② 加入白糖，搅拌均匀。

③ 将橘子汁加入甜豆浆中，搅拌均匀即可。

【营养功效】

色泽橘黄，橘香浓郁，清凉爽口，富于营养。橘子性平，味甘酸，有生津止咳的作用，用于胃肠燥热之症。

🍵 **小贴士**

应挑选色差较小、外形匀称、外皮完整的橘子。

雪梨豆浆

材料

黄豆70克，雪梨1个，白糖适量。

做法

① 黄豆预先浸泡好；雪梨洗好后，去皮去核，切成小块。

② 将黄豆和雪梨放入豆浆机，加入适量的水，接通电源，打成浆。

③ 豆浆制成后，按个人口味添加适量白糖即可。

【营养功效】

雪梨能润肺、凉心、消痰、降火、解毒，此款豆浆很适合女性。

🍵 小贴士

适宜口干、眼干、睡眠不足的人群。

桂圆豆浆

材料

黄豆 70 克，桂圆肉 30 克。

做 法

①　把黄豆用清水浸泡 8 小时，洗净；桂圆肉洗净。

②　将黄豆、桂圆肉一起放入豆浆机中，加适量的清水，接通电源，按"豆浆"键。

③　待豆浆制成即可。

【营养功效】

桂圆豆浆甜润可口，能有效缓解失眠、健忘、神经衰弱等症，对改善贫血及病后、产后虚弱都有一定辅助功效。

🍵 小贴士

孕妇不宜吃桂圆。

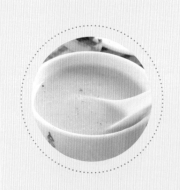

火龙果豆浆

材料

黄豆 50 克，火龙果 1 个，白糖适量。

【营养功效】

火龙果中的含铁量比一般的水果要高，铁是制造血红蛋白及其它铁质物质不可缺少的元素，摄入适量的铁还可以预防贫血。

🍳 小贴士

女性体质虚冷者及脸色苍白、四肢乏力、经常腹泻等症状的寒性体质者不宜多食。

做 法

① 黄豆洗净，用清水浸泡 8 小时；火龙果去皮切丁。

② 将黄豆、火龙果一起放入豆浆机中，加适量的清水，接通电源，启动豆浆机。

③ 待豆浆制成，加入白糖搅匀即可。

西瓜豆浆

材料

黄豆60克，西瓜30克。

做法

① 先将黄豆用清水泡6小时；西瓜洗净去籽、去外皮后切成丁状。

② 把黄豆、西瓜一起放入豆浆机中，加适量水，接通电源，启动豆浆机。

③ 待豆浆成，盛出过滤即可。

【营养功效】

此豆浆清热解暑、除烦泻热、利尿。

🍵 小贴士

西瓜不要切太大块，否则不容易被豆浆机打碎。

橙汁豆浆

材料

黄豆 60 克，橙子 100 克。

做 法

① 黄豆预先泡好；橙子洗净后切小块，去籽。

② 将黄豆、橙子一同放入豆浆机内，加入适量的水，接通电源，启动豆浆机。

③ 待豆浆成后，盛出即可。

【营养功效】

橙子被称为"疗疾佳果"，含有丰富的维生素C、钙、磷、钾、β–胡萝卜素、柠檬酸、橙甙、醛、醇、烯等物质。此款豆浆色泽淡黄，酸甜可口，常饮有利于美容。

🍵 小贴士

橙皮不能泡水饮用，因为橙皮上一般会有很难用水洗净的保鲜剂。

橘柚豆浆

材料

黄豆 40 克，橘子肉 60 克，柚子肉 30 克。

做 法

① 将黄豆浸泡好，洗净备用。

② 将橘子肉、柚子肉、黄豆一起放入豆浆机中，加适量的清水，接通电源，启动豆浆机。

③ 待豆浆制成，盛出即可。

【营养功效】

橘子中含有丰富的维生素C，而且受加热的影响较小，柚子有良好的败火作用。

小贴士

服药期间，最好不要吃柚子或者是饮用柚子汁。

葡萄干豆浆

材料

黄豆 80 克, 葡萄干 10 克, 白糖适量。

【营养功效】

葡萄干肉软清甜、营养丰富, 对神经衰弱和过度疲劳者有较好的补益作用, 还是妇女病的食疗佳品。

小贴士

肥胖之人不宜多食。

做法

① 黄豆用清水浸泡6小时, 洗净。

② 将黄豆、葡萄干一起放入豆浆机中, 加适量的清水, 接通电源, 按 "豆浆" 键。

③ 待豆浆成, 加白糖搅匀。

陈皮山楂豆浆

材料

黄豆80克，大米20克，陈皮10克，山楂（去核）10颗，冰糖适量。

做法

① 黄豆洗净，先浸泡6~8小时；分别将大米、陈皮、山楂洗净。

② 将黄豆、大米、陈皮、山楂加适量的水放入豆浆机中，按下"豆浆"键，制成豆浆。

③ 最后加入冰糖搅匀即可。

【营养功效】

此豆浆味道可口，可降低血压和胆固醇、润燥止渴、止咳化痰、健胃消食。

🍴 小贴士

经常腹泻或消化性溃疡者不宜实用。

苹果香蕉豆浆

材料

黄豆 80 克，香蕉 20 克，苹果 20 克。

做法

① 黄豆预先泡好，苹果洗净切块，香蕉去皮切片。

② 将黄豆、苹果块、香蕉片一同放入豆浆机中，加适量水，接通电源，启动豆浆机。

③ 待豆浆制成即可。

【营养功效】

香蕉的糖分可迅速转化为葡萄糖，立刻被人体吸收，是一种快速的能量来源。

🥄 小贴士

香蕉含钾高，患有急慢性肾炎、肾功能不全者，都不适合多吃。

木瓜银耳豆浆

材料

黄豆 60 克，木瓜 20 克，银耳 10 克，冰糖适量。

做法

① 黄豆用清水浸泡 6 ~ 8 小时，洗净备用；木瓜去皮切小块；银耳浸泡 1 小时，洗净撕小块。

② 将黄豆、木瓜和银耳放入豆浆机中，加适量的清水，接通电源，按"豆浆"键。

③ 待豆浆制成，加冰糖拌匀即可。

【营养功效】

木瓜的维生素 C 含量很高，且有健脾消食、消水肿等功效。银耳滋阴润肺、强心补脑，自古就是滋补佳品。

🍵 小贴士

不宜空腹饮用。

蔬菜豆浆

材料

黄豆 80 克，黄瓜 100 克，青菜 100 克，白糖 70 克。

做 法

① 黄豆用清水浸泡6～8小时，洗净备用；黄瓜、青菜用水洗净。

② 将黄豆、黄瓜和青菜放入豆浆机中，加适量的清水，接通电源，按"豆浆"键。

③ 待豆浆制成，加入白糖，搅拌均匀即可。

【营养功效】

蔬菜豆浆富含蛋白质，营养丰富，口感好，有延缓衰老等保健功能。黄瓜含有铬等微量元素，有降血糖的作用。

🍴 小贴士

黄瓜不宜与花生同食。

南瓜豆浆

材料

黄豆100克，南瓜80克。

做法

① 黄豆用清水浸泡至软；南瓜去皮切成薄片。

② 将泡好的黄豆、南瓜一起放入豆浆机内，加适量的清水，接通电源，启动豆浆机。

③ 待豆浆成，盛出即可。

【营养功效】

南瓜的营养价值很高，可降血脂、助消化、提高机体的免疫力。南瓜和豆浆的植物纤维结合，可很好的帮助消化，降低胆固醇。

🍳 小贴士

南瓜本身已有甜味，所以不需再加糖。

胡萝卜豆浆

材料

黄豆、胡萝卜各50克，蜂蜜适量。

【营养功效】

胡萝卜豆浆具有补肝、补脑、补血、明目、养胃等功效。

🍳 **小贴士**

适宜于皮肤干燥、粗糙者食用。

做 法

① 预先将黄豆用清水浸泡6小时；胡萝卜去皮，洗净后切粒。

② 将胡萝卜、黄豆洗净，放入豆浆机中，加适量的清水，接通电源，按"豆浆"键。

③ 待豆浆成，倒入蜂蜜，搅匀即可。

黄瓜蜂蜜豆浆

材料

黄豆 70 克，黄瓜 20 克，蜂蜜适量。

做法

① 将黄豆洗净，先浸泡8小时；黄瓜洗干净后切成小方粒。

② 泡好的黄豆和黄瓜一起放入豆浆机，加适量的清水，接通电源，打成豆浆。

③ 豆浆内倒入蜂蜜，搅拌均匀即可。

【营养功效】

黄瓜中的黄瓜酶，有很强的生物活性，能有效地促进机体的新陈代谢。用黄瓜捣汁涂擦皮肤，有润肤、舒展皱纹的功效。

小贴士

黄瓜性凉，胃寒患者食之易致腹痛泄泻。

韭汁豆浆

材料

黄豆 60 克，韭菜 100 克，白糖适量。

【营养功效】

《本草纲目》中载韭菜"生汁主上气，喘息欲绝，解肉脯毒。煮汁饮，能止消咳盗汗"。这款豆浆能补气温经，适用于气虚型崩漏。

🍲 小贴士

阴虚但内火旺盛、胃肠虚弱但体内有热、溃疡病、眼疾者应慎食。

做法

① 将黄豆洗净，浸泡 6 ~ 10 小时；韭菜洗净。

② 将黄豆和韭菜一起放入豆浆机中，加入适量清水，接通电源，打成豆浆。

③ 待豆浆成，加入白糖，搅匀即可。

生菜豆浆

材料

黄豆60克，生菜叶15克，沙拉酱6克。

做 法

① 将黄豆预先浸泡，洗净备用；将生菜叶洗净切成条。

② 将浸泡好的黄豆与生菜一起加入豆浆机中，再加入沙拉酱，加水；接通电源，选择"豆浆"键。

③ 待豆浆制成，盛出即可。

【营养功效】

生菜富含蔬菜纤维，清肝养胃，利于减肥。

🍳 小贴士

生菜性凉，故尿频、胃寒之人应慎食。

芹菜豆浆

材料

黄豆60克，芹菜70克。

做法

① 将黄豆预先浸泡，洗净备用；将芹菜洗净切碎。

② 将黄豆和芹菜一起放入豆浆机中，加入适量清水，接通电源，打成豆浆。

③ 过滤取汁，即可饮用。

【营养功效】

芹菜含有刺激体内脂肪消耗的化学物质，再加上其富含粗纤维，使粪便利于排泄，进而减少脂肪和胆固醇的吸收，故而有较好的减肥效果。

🍴 小贴士

香味浓郁，营养丰富，适合高血压患者饮用。

土豆豆浆

材料

黄豆、土豆各50克。

做法

① 黄豆用水浸泡8小时，土豆去皮洗净后切丁。

② 将黄豆、土豆一起放入豆浆机中，加入适量清水，接通电源，启动豆浆机。

③ 待豆浆煮沸后即可。

【营养功效】

土豆含有丰富的维生素B_1、维生素B_2、维生素B_6及大量的优质纤维素，还含有微量元素、氨基酸、蛋白质、脂肪和优质淀粉等营养成分。具有呵护肌肤、保养容颜的功效。

小贴士

去皮的土豆应存放在冷水中，再向水中加少许醋，可使土豆不变色。

灵芝豆浆

材料

灵芝 5 克，黄豆 60 克，花生 10 克。

【营养功效】

灵芝含有 17 种氨基酸和 18 种微量元素，尤其是锌、铬、锶、锗等含量丰富，能全面滋补人体五经，增强器官机能。灵芝豆浆综合了灵芝、黄豆、花生的营养，长期饮用可益气养血、滋养内脏器官。

🍳 小贴士

适宜中老年人及体弱者食用。

做法

① 将黄豆、花生提前浸泡充分，洗净备用。

② 将灵芝掰碎，与泡好的黄豆、花生米、清水一起装入豆浆机内，接通电源，打成豆浆。

③ 待豆浆制成，盛出即可。

西洋参白果豆浆

材料

黄豆 100 克，白果粉、西洋参粉各 10 克。

做 法

① 黄豆提前一夜用清水浸泡。

② 将泡好的黄豆放入豆浆机中，加上白果粉、西洋参粉，加适量水，接通电源，启动豆浆机。

③ 待豆浆制成，盛出即可。

【营养功效】

西洋参具有补气养阴、清热生津的作用，而白果可治腹泻。

🍳 小贴士

五岁以下儿童忌食白果。

紫薯
南瓜豆浆

材料

黄豆 40 克，紫薯 15 克，南瓜 20 克，白糖适量。

【营养功效】

此豆浆可补充热量、增强体力。紫薯营养丰富具有特殊的保健功能，其中的蛋白质氨基酸都是极易被人体消化和吸收的。

🍴 小贴士

湿阻脾胃、气滞食积者应慎食。

做法

① 黄豆用清水浸泡 6 ~ 8 小时，洗净备用；紫薯、南瓜去皮切丁状。

② 将黄豆、紫薯和南瓜放入豆浆机中，加适量的清水，接通电源，按"豆浆"键。

③ 待豆浆制成，加入白糖调味即可。

甘薯山药燕麦豆浆

材料

甘薯、山药各50克，黄豆25克，燕麦片适量。

做法

① 黄豆洗净，浸泡6小时；甘薯、山药去皮，切成小块。

② 将黄豆、甘薯、山药、燕麦片一起放入豆浆机内，加适量的清水，接通电源，按"五谷"键。

③ 待豆浆成，过滤盛出即可。

【营养功效】

山药味甘性平，具有补脾养胃、生津益肺的功效，可用于脾虚食少、久泻不止、肺虚喘咳等症。

🍳 **小贴士**

山药应置于通风、干燥处保存。

芦笋山药豆浆

材料

黄豆 40 克, 芦笋 30 克, 山药 10 克, 白糖适量。

做法

① 黄豆用清水浸泡6～8小时, 洗净备用; 芦笋洗净切小段, 山药去皮切小粒。

② 将黄豆与芦笋、山药放入豆浆机中, 加水至上下水位线间, 接通电源, 按"豆浆"键。

③ 待豆浆制成, 加白糖搅匀即可。

【营养功效】

此豆浆能强身健体、缓解疲劳、提高免疫力。芦笋嫩茎中含有丰富的蛋白质、维生素、矿物质和人体所需的微量元素。

🍵 小贴士

患有痛风者不宜多食。

山药苹果豆浆

材料

黄豆 100 克，山药 80 克，苹果 50 克。

做 法

① 先将黄豆用清水浸泡一夜；山药去皮切小块；苹果削皮去核，切小块。

② 将黄豆、山药、苹果一起放入豆浆机，加适量的清水，接通电源，启动豆浆机。

③ 待豆浆制成即可。

【营养功效】

苹果中的营养成份可溶性大，易被人体吸收，有利于溶解硫元素，使皮肤润滑柔嫩。

🍴 **小贴士**

适宜高血压、高血脂和肥胖患者食用。

蔬菜 水果豆浆

材料

黄豆80克，胡萝卜50克，苹果20克，西红柿30克，柠檬汁适量。

【营养功效】

西红柿含有丰富的胡萝卜素、维生素C和B族维生素，具有健胃消食、生津止渴、清热解毒、凉血平肝的功效。

🍴 小贴士

在西红柿顶部用小刀割一个十字口，然后用滚开的热水烫一下，就能快速去西红柿皮。

做法

① 先将黄豆用清水浸泡8小时；胡萝卜去皮切成粒；苹果去核，切块；西红柿去皮切成梳子形。

② 将泡好的黄豆、切好的蔬果放入豆浆机中，加适量的清水，接通电源，启动豆浆机，搅打成浆。

③ 在打好的蔬果豆浆里加入柠檬汁，搅匀即可。

花式豆浆

HUA SHI DOU JIANG

玫瑰花豆浆

材料

干玫瑰花 10 朵，黄豆 80 克。

做 法

① 把黄豆洗净，用清水浸泡 8 小时；
玫瑰花洗净备用。

② 将泡好的黄豆淘洗干净，加水与玫瑰花一起放入豆浆机中，接通电源，按"豆浆"键。

③ 待豆浆制成即可。

【营养功效】

此品具有活血美肤、预防便秘、降火润喉、清热消火的功效。

🍳 小贴士

玫瑰花只用花瓣，花蒂不要。

茉莉花
豆浆

材料

干茉莉花 3 ~ 5 朵，
黄豆 80 克，白糖适量。

做 法

① 黄豆提前用水泡好，干茉莉花洗净备用。

② 将干茉莉花、黄豆、水一起放入豆浆机中，启动豆浆机，制成豆浆即可。

③ 豆浆制成后根据自身喜好添加白糖。

【营养功效】

此豆浆祛寒邪、健脾安神。茉莉花香气怡人，有理气安神、润肤香肌、平衡皮肤油脂分泌的功效。

小贴士

茉莉花辛香偏温，火热内盛、燥结便秘者慎食。

金银花豆浆

材料

黄豆 50 克，金银花 3 ~ 5 朵，枸杞子、蜂蜜各适量。

【营养功效】

金银花茶味甘，性寒，具有清热解毒、疏散风热的作用，可治疗暑热症、泻痢、流感、疮疖肿毒、急慢性扁桃体炎、牙周炎等疾病。

🍵 小贴士

金银花应选择没有黑条、黑头、枝叶、杂质、虫蛀及霉变的。

做法

① 黄豆提前用水泡好，金银花、枸杞子分别洗净。

② 将黄豆、金银花、枸杞子一起放入豆浆机中，加入适量的清水，按"豆浆"键，制成豆浆。

③ 待豆浆微凉后可根据个人口味加入适量蜂蜜即可。

菊花枸杞子豆浆

材料

黄豆60克，枸杞子、菊花各5克，冰糖适量。

做 法

① 黄豆用清水浸泡6～8小时，洗净备用；枸杞子、菊花洗净。

② 将黄豆和枸杞子、菊花放入豆浆机中，加适量的清水，接通电源，按"豆浆"键，待豆浆制成。可趁热加冰糖拌匀。

【营养功效】

枸杞子滋补肝肾、益精明目，有降低血糖、增强免疫能力等保健作用。

🍴 **小贴士**

菊花对缓解眼睛疲劳、视力模糊有很好的疗效。

栀子花莲心豆浆

材料

黄豆60克，大米15克，栀子花3克，莲心2克，冰糖适量。

做 法

① 黄豆洗净，先浸泡一晚；大米淘洗干净；栀子花、莲心洗净。

② 将黄豆和大米加适量的水放入豆浆机中，按"豆浆"键，制成豆浆。

③ 将栀子花和莲心一同放入做好的豆浆中，加入冰糖搅匀即可。

【营养功效】

栀子性寒味微酸而苦，有泻火除烦、消炎祛热、清热利尿、凉血解毒的功效。

🍳 小贴士

莲心晒干后泡水喝有清热解毒的作用。

荷叶桂花豆浆

材料

黄豆 70 克，绿茶 5 克，新鲜荷叶、桂花、白糖各适量。

做 法

1 黄豆用清水浸泡 6 ～ 8 小时，洗净备用；荷叶洗净撕小块。

2 将黄豆和荷叶块混合放入豆浆机中，加适量的清水，启动豆浆机，待豆浆制成。

3 杯子里放入冲洗过的绿茶和桂花，并加入少量白糖，豆浆趁热倒入杯中即可。

【营养功效】

荷叶是夏天清热解暑的佳品，和绿茶、桂花及黄豆搭配，有较明显的瘦身纤体效果。

🍳 小贴士

体质偏凉的人不宜饮用。

杏仁槐花豆浆

材料

黄豆 70 克, 杏仁 15 克, 槐花 3～5 朵, 蜂蜜 5～10 克, 清水适量。

【营养功效】

此豆浆具有生津止渴、润肺定喘、清肝泻火、消炎镇痛的功效。

🍳 小贴士

适宜体热者食用。

做 法

① 黄豆洗净, 浸泡 6～8 小时, 槐花洗净。

② 将黄豆、杏仁、槐花和适量清水, 放入豆浆机中, 按"豆浆"键制成豆浆。

③ 制作好后, 将蜂蜜倒入饮品搅匀即可。

薄荷黄豆绿豆浆

材料

黄豆40克，绿豆30克，大米10克，薄荷叶、冰糖各适量。

做法

① 将黄豆、绿豆洗净，分别浸泡约8小时；大米、薄荷叶洗净。

② 将泡好的黄豆、绿豆、大米和少量薄荷叶一起放入豆浆机中，加适量的清水，接通电源，按"豆浆"键。

③ 待豆浆制成，趁热加入冰糖拌匀即可。

【营养功效】

薄荷含有薄荷醇，可清新口气、防腐杀菌、利尿、化痰、健胃和助消化等。

小贴士

薄荷具有醒脑、兴奋的效果，故晚上不宜饮用过多。

绿桑百合豆浆

材料

黄豆50克，绿豆30克，桑叶2克，百合10克。

做法

① 将黄豆洗净，用水浸泡8小时，备用；桑叶、百合、绿豆洗净备用。

② 把泡好的黄豆、绿豆、桑叶、百合一起放入豆浆机中，加适量的清水，接通电源，按"豆浆"键。

③ 待豆浆制成，倒出即可。

【营养功效】

桑叶味苦性寒，有清肺泻胃、凉血燥湿、去风明目的功效；百合可以润肺止咳、清心安神，与黄豆搭配可以滋阴润燥，润肤养颜。

🍳 小贴士

风寒外感者忌用百合。

红茶豆浆

材料

黄豆 100 克，红茶、蜂蜜各适量。

做 法

① 黄豆用清水泡上一夜，洗净待用；红茶用开水泡过一遍。

② 将黄豆放入豆浆机中，加适量的清水，接通电源，按"豆浆"键，制成豆浆。

③ 用开水冲泡红茶，把茶叶过滤掉，将茶水冲进豆浆中，搅匀，再拌入蜂蜜即可。

【营养功效】

红茶可以帮助胃肠消化、促进食欲，有利尿、消除水肿、强壮心脏等功能。

🥄 **小贴士**

孕妇忌食，因为红茶中的咖啡碱会增加孕妇心、肾的负荷，会造成孕妇的不适。

绿茶
消暑豆浆

材料

黄豆 45 克，大米 60 克，绿茶 8 克。

【营养功效】

绿茶清香怡人、口感清新，可清热生津、消食化痰、降火明目。

🍵 小贴士

茶叶的用量可以随自己喜好增减。

做法

① 将黄豆洗净，浸泡 8 小时；大米洗净，泡 3 小时。

② 用开水将绿茶过一遍水，再用沸水冲泡，去茶叶。

③ 把泡好的黄豆、大米放入豆浆机中，加适量的清水，接通电源，按"豆浆"键，制成豆浆。

④ 将绿茶汤缓缓倒入豆浆中，搅匀即可。

龙井豆浆

材料

黄豆 80 克，龙井适量。

做 法

1. 黄豆用清水浸泡 6 ~ 8 小时，洗净后放入豆浆机杯体中，加适量的清水，接通电源，按"豆浆"键，待豆浆制成。

2. 用开水冲泡龙井茶，过滤出茶叶后倒入热豆浆里即可。

【营养功效】

龙井茶富含氨基酸、儿茶素、维生素 C 等，有生津止渴、消食利尿、除烦去腻等功效。

🍳 小贴士

储存茶叶时，应避免阳光直射。

咖啡豆浆

材料

黄豆 80 克，速溶咖啡 1 包，蜂蜜 30 毫升，热开水 120 毫升。

做 法

① 黄豆用清水浸泡6～8小时，洗净后放入豆浆机中，加入适量的清水，接通电源，按"豆浆"键。

② 将速溶咖啡置容器中，冲入热开水搅拌至溶。

③ 将制成的豆浆加入咖啡中，然后加入蜂蜜，混合即成。

【营养功效】

营养丰富，提神强身。蜂蜜含有一定的营养成分，对皮肤有益处；咖啡可以促进代谢机能，活络消化器官，对便秘有很大功效，另外还可以消除疲劳。

🍳 小贴士

可以根据个人口味加糖调味。

营养米糊

YING YANG MI HU

杏仁米糊

材料

大米60克，杏仁30克，冰糖适量。

做 法

① 大米洗净，用清水浸泡5小时。

② 将泡好的大米沥干，连同杏仁一起放入豆浆机中，加适量的清水，接通电源，启动豆浆机。

③ 待米糊制成，加入适量冰糖调味即可。

【营养功效】

杏仁味甘性平，能滋润肺燥、止咳平喘、润肠通便。

🍳 小贴士

痰饮咳嗽、脾虚肠滑者不宜食。

薏米糊

材料

大米 50 克，薏米 30 克，熟花生仁 10 克，冰糖适量。

做法

① 大米、薏米分别洗净，各浸泡6小时。

② 将泡好的大米、薏米沥干，放入豆浆机中，放入花生仁，加入适量清水，接通电源，按"米糊"键。

③ 待米糊制成，添加适量冰糖即可。

【营养功效】

薏米具有清热利湿、除风湿、利小便、益肺排脓、健脾胃、强筋骨等功效。

🍳 小贴士

孕妇及津枯便秘者忌食。

大米土豆糊

材料

大米100克，土豆50克，牛奶适量。

【营养功效】

土豆性平味甘，能健脾和胃、益气调中、缓急止痛、通利大便。

🍮 小贴士

土豆削皮，只应该削掉薄薄的一层，因为土豆皮下面的汁液含有丰富的蛋白质。

做法

① 先将大米淘洗干净，浸泡6小时；土豆洗净去皮，切小块。

② 将大米、土豆一起放入豆浆机内，加入适量清水，接通电源，按"米糊"键。

③ 待糊成，倒出装杯，加入牛奶搅匀即可。

甘薯大米浆

材料

甘薯1个,大米100克,白糖适量。

做法

① 将甘薯洗净,去皮,切成丁状;大米淘洗干净,加清水浸泡3小时。

② 将甘薯、大米一起放入豆浆机中,加适量的清水,接通电源,启动豆浆机,按"五谷"键。

③ 待浆成,加入适量白糖即可。

【营养功效】

甘薯含大量粘蛋白,维生素C也很丰富,常吃甘薯能降胆固醇,减少皮下脂肪,补虚乏,益气力,健脾胃,益肾阳,从而有助于护肤美容。

🍵 小贴士

一般人士皆可食用,因甘薯富含纤维素,故可预防便秘。

胡萝卜米糊

 材料

胡萝卜300克，小米100克，熟蛋黄1个。

做 法

① 胡萝卜洗净，切小块；小米淘洗干净，浸泡5小时。

② 将小米、胡萝卜、熟蛋黄一起放入豆浆机中，加适量的清水，接通电源，按"米糊"键。

③ 待糊成，搅匀即可。

【营养功效】

此胡萝卜含有大量胡萝卜素，有补肝明目的作用，可治疗夜盲症。

🍳 **小贴士**

欲怀孕的妇女不宜多吃胡萝卜。

百合莲子豆浆

材料

百合 10 克，莲子 10 克，黄豆 40 克，冰糖 40 克，清水适量。

做法

① 将黄豆浸泡6～10小时；将百合和莲子用温水浸泡至发软。

② 将浸泡好的黄豆、百合和莲子一并装入豆浆机内，加入冰糖和清水。

③ 启动机器，将豆泥去渣取汁即可。

【营养功效】

黄豆含有一种植物雌激素——大豆异黄酮，可起到减轻妇女更年期综合征的作用；而百合和莲子都有清心安神的作用。

小贴士

莲子应存于干爽处。

小米黑芝麻糊

材料

小米100克，黑芝麻50克，生姜5片。

【营养功效】

小米气味香甜、易于消化，具有促进食欲、健脾和胃、滋养肾气的功效。

🍳 小贴士

黑芝麻不易清洗，装入滤网中，直接冲水清洗较为方便且不浪费。

做 法

① 将小米淘洗干净，用清水浸泡3小时；黑芝麻淘洗干净。

② 将小米、黑芝麻、生姜一起放入豆浆机中，加适量的清水，接通电源，启动豆浆机。

③ 待糊成，搅匀盛出即可。

薏米红豆糊

材料

小米 100 克，薏米 60 克，红豆 50 克。

做法

① 薏米、红豆分别淘洗干净，浸泡8小时。

② 将薏米、红豆、小米一起放入豆浆机中，加适量的清水，接通电源，按"米糊"键。

③ 待糊成后，盛出即可。

【营养功效】

薏米可入药，用来治疗水肿、脚气、脾虚泄泻等症。

🍳 小贴士

汗少、便秘者不宜食用薏米。

养心补血糊

材料

红豆30克，红米50克，红枣15克，桂圆肉25克。

做法

① 先将红豆浸泡6小时，洗净；红米洗净备用；红枣洗净去核。

② 将红豆、红米、红枣、桂圆肉放入豆浆机内，加入适量清水，接通电源，启动豆浆机。

③ 待糊成时，倒出过滤即可。

【营养功效】

红米富含众多的营养素，其中以铁质最为丰富，故有补血及预防贫血的功效。

🍳 小贴士

挑选红米时，以外观饱满、完整、带有光泽、无虫蛀、无破碎现象为佳。

枣杞生姜米糊

材料

大米 100 克，红枣、枸杞子各 20 克，生姜适量。

做 法

① 大米淘洗干净，用清水浸泡2小时；红枣洗净去核；枸杞子洗净；生姜洗净切片。

② 将大米、红枣、枸杞子、生姜一起放入豆浆机中，加适量的清水，接通电源，按"米糊"键。

③ 待糊成，搅匀即可。

【营养功效】

生姜的辣味成分具有一定的挥发性，能增强和加速血液循环，刺激胃液分泌，帮助消化，有健胃的功能。

🍴 小贴士

不要吃腐烂的生姜。腐烂的生姜会产生一种毒性很强的物质，可使肝细胞变性坏死，诱发肝癌、食道癌等。

枸杞子核桃米浆

材料

大米、黄豆各50克，核桃仁25克，枸杞子10克，蜂蜜适量。

【营养功效】

核桃味甘、性温，入肾、肺、大肠经，可补肾、固精强腰、温肺定喘、益智健脑。

🍳 小贴士

痰火喘咳、阴虚火旺者不宜食用。

做法

① 先将黄豆洗净，浸泡一夜；核桃仁切碎；大米淘洗干净，浸泡3小时；枸杞子清洗干净。

② 将大米、黄豆、核桃仁、枸杞子一起放入豆浆机中，加适量的清水，接通电源，启动豆浆机。

③ 待浆成，晾凉后，加入蜂蜜调味即可。

核桃
腰果米糊

材料

大米、小米各50克，腰果、核桃仁、红枣各25克，桂圆、冰糖各适量。

做法

① 将大米、小米分别淘洗干净，浸泡6小时；腰果、核桃仁洗净；红枣洗净去核；桂圆去核。

② 将大米、小米、腰果、核桃仁、红枣、桂圆一起放入豆浆机中，加适量的清水，接通电源，启动豆浆机。

③ 待糊成，加入冰糖搅匀即可。

【营养功效】

腰果味甘、性平，可治咳逆、心烦、口渴，有强身健体、提高机体抗病能力的作用。

🍳 小贴士

有上火发炎症状时不宜食用桂圆。

.99.

山药黑芝麻糊

材料

黑芝麻50克，山药干15克，大米50克，牛奶100毫升，冰糖50克，奶油适量。

做 法

① 山药干、大米用水浸泡，至少3小时（能隔夜最好）；热锅不放油，倒入黑芝麻炒香。

② 将黑芝麻和泡好的山药、大米放入豆浆机，倒入适量水后搅拌，至所有原料成泥状。

③ 加入冰糖、牛奶和奶油，烧开即可。

【营养功效】

山药味甘、性平，入肺、脾、肾经；质润兼涩，补而不腻；具有健脾益肺、养阴生津的功效。

🍳 小贴士

适用于脾肾两虚引起的智力、记忆力减退者。

薏米
黑芝麻
双仁米糊

材料

大米150克，薏米100克，黑芝麻、核桃仁、杏仁各25克，蜂蜜适量。

做法

1. 大米、薏米分别淘洗干净，浸泡3小时；黑芝麻、核桃仁、杏仁分别用小火炒熟。

2. 将大米、薏米、黑芝麻、核桃仁、杏仁一起放入豆浆机中，加适量的清水，接通电源，按"米糊"键。

3. 待糊成，稍凉后倒入蜂蜜搅匀即可。

【营养功效】

黑芝麻含有丰富的不饱和脂肪酸、维生素E、芝麻素及黑色素，具有补肝肾、滋五脏、润肠燥等功效。

🥄 小贴士

肥胖以及一些血脂高的患者不宜食用蜂蜜。

核桃花生麦片米糊

材料

大米100克，核桃、花生、麦片各20克。

【营养功效】

麦片具有养心安神、润肺通肠、补虚养血及促进代谢的功用。

🍳 小贴士

高温煮麦片会破坏麦片中的维生素。

做法

① 将大米淘洗干净，用水浸泡3小时；分别取出花生仁、核桃仁。

② 将大米、核桃仁、花生仁、麦片一起放入豆浆机中，加入适量清水，接通电源，按"米糊"键。

③ 待糊成后，过滤，装杯即可。

胡萝卜核桃米糊

材料

大米 100 克，核桃仁、胡萝卜各 30 克，牛奶 300 毫升。

做法

① 胡萝卜洗净，去皮，切成小粒；大米淘洗干净，浸泡2小时。

② 将胡萝卜粒、核桃仁、大米一起放入豆浆机中，加适量的清水，接通电源，按"米糊"键。

③ 待糊成后，加入牛奶搅匀即可。

【营养功效】

胡萝卜含有植物纤维，吸水性强，在肠道中体积容易膨胀，是肠道中的"充盈物质"，可加强肠道的蠕动，从而利膈宽肠，通便。

🍳 小贴士

胡萝卜质细味甜，挑选表皮光滑、形状整齐、肉厚、无裂口和病虫伤害的为佳。

南瓜花生仁米糊

材料

南瓜 50 克，大米 100 克，花生仁适量。

做法

① 南瓜去皮，切成小块；大米淘洗干净，用温水浸泡 2 小时；花生仁洗净。

② 将南瓜、大米、花生仁一起放入豆浆机内，加适量的清水，接通电源，按"五谷"键。

③ 待糊成，搅匀即可。

【营养功效】

南瓜性温、味甘，有润肺益气、化痰排脓、滋润毛囊壁、美容抗痘等功效。

🍴 小贴士

南瓜性偏雍滞，气滞中满者慎食。

清肝明目糊

材料

荞麦、花生各30克，绿豆20克。

做 法

① 将花生炒香备用；荞麦清洗干净；绿豆用清水浸泡6小时，洗净。

② 将绿豆、荞麦、花生放入豆浆机内，加入适量清水，接通电源，按"米糊"键。

③ 待糊制成，倒出过滤即可。

【营养功效】

荞麦因其含有丰富的蛋白质、维生素，故有降血脂、保护视力、软化血管、降低血糖的功效。

🍳 小贴士

荞麦不易消化，不宜多食。

玉米绿豆糊

材料

大米 150 克，新鲜玉米粒 100 克，绿豆 50 克。

【营养功效】

绿豆性寒、味甘，具有清热解毒、消暑除烦、止渴健胃的功效。

小贴士

绿豆性寒，脾胃虚弱者不宜多吃。

做法

① 将大米淘洗干净，浸泡 2 小时；绿豆清洗干净，浸泡 4 小时；玉米粒洗净。

② 大米、绿豆、玉米粒一同放入豆浆机中，加水至上下水位线之间，按"米糊"键。

③ 待糊成，装杯即可。

木耳
黑米糊

材料

黑米 50 克，木耳 20 克，白糖适量。

做 法

① 黑米、木耳分别洗净，用清水浸泡 1 ~ 2 小时。

② 黑米、木耳一起放入豆浆机中，加适量的清水，接通电源，按"米糊"键。

③ 待糊制成，加入适量白糖调味即可。

【营养功效】

木耳中铁的含量极为丰富，故常吃木耳能养血驻颜，令人肌肤红润，容光焕发，并可防治缺铁性贫血。

🍳 小贴士

浸泡干木耳时最好换两到三遍水，才能最大限度地除掉有害物质。

糯米糊

材料

糯米 100 克，大米 50 克，冰糖适量。

做 法

① 糯米、大米分别淘洗干净，浸泡 5 小时。

② 糯米、大米一起放入豆浆机中，接通电源，按"米糊"键。

③ 待糊成，加入冰糖搅匀即可。

【营养功效】

糯米味甘性平，能温暖脾胃、补益中气，对脾胃虚寒、食欲不佳、腹胀腹泻有一定缓解作用。

🍳 小贴士

糯米适宜多汗、血虚、脾虚、体虚者等食用。

果 蔬 汁

GUO SHU ZHI

纯真浓情

材料

菠萝80克，橙子100克，白果糖20毫升，苏打水60毫升，冰块6块。

【营养功效】

菠萝含用大量的果糖、葡萄糖、维生素 A、B 族维生素、维生素 C、磷、柠檬酸和蛋白酶等营养成分，可以消除疲劳、增进食欲。

🍳 小贴士

患有溃疡病、肾脏病、凝血功能障碍的人应禁食菠萝。

做 法

① 将菠萝和橙子分别去皮，切小块。

② 将菠萝、橙子放入豆浆机中，加入白果糖、苏打水，接通电源，启动豆浆机。

③ 待汁制成，倒出，加入冰块，搅拌均匀即可。

橙子
柠檬汁

材料

橙子200克，柠檬80克，红糖水15毫升，冰块5~6块。

做 法

① 将橙子、柠檬分别去皮、切小块。

② 将橙子、柠檬放入豆浆机中，加入适量清水，接通电源，启动豆浆机。

③ 将冰块放入杯中，然后注入搅拌好的果汁。

④ 最后将红糖水注入加有果汁的杯中。

【营养功效】

橙子味甘、酸，性凉。具有防治便秘的功效，可生津止渴、开胃下气、帮助消化。

🍵 小贴士

饭前或空腹时不宜食用，否则橙子所含的有机酸会刺激胃黏膜，对胃不利。

冰镇鸭梨汁

材料

鲜鸭梨1个，白糖20克，冰块适量。

【营养功效】

鸭梨中含有丰富的B族维生素，能保护心脏、减轻疲劳、增强心肌活力、降低血压。

小贴士

适用于热病伤阴或阴虚所致的干咳、口渴、便秘等症。

做 法

1. 鸭梨洗净，去皮，去核，切小块，入豆浆机，榨汁。

2. 清水入锅煮沸，调入白糖，搅拌溶解，制成糖水，放置降温。

3. 鲜梨汁倒入降温的糖水中，混合搅拌，加入冰块即可饮用。

香蜜蜜

材料

桃子 100 克，橙子 150 克，红糖水、冰块各适量。

做法

① 桃子去皮去核，切成小块备用；橙子去皮，切小块备用。

② 将桃子、橙子放入豆浆机中，注入适量清水，接通电源，启动豆浆机。

③ 将冰块放入杯中，注入红糖水和果汁，拌均匀即可。

【营养功效】

桃子富含蛋白质、脂肪、碳水化合物、膳食纤维、钙、磷、铁、胡萝卜素、维生素B₁等营养成分，具有止咳、活血、通便等功能。

🍴 小贴士

桃子适宜低血钾和缺铁性贫血患者食用。

胡萝卜牛奶

【材料】

牛奶120毫升，胡萝卜100克，蜂蜜10毫升。

做法

① 胡萝卜洗净，切成小块。

② 将胡萝卜放入豆浆机中，加入牛奶，接通电源，启动豆浆机。

③ 待汁制成，加入蜂蜜搅匀即可。

【营养功效】

富含铁质、钙质，可防治角膜干燥和夜盲症。

💬 小贴士

胡萝卜切块之后不要水洗或久浸泡于水中。

葡萄酸奶

材料

酸奶80毫升，香蕉半个，橘子50克，葡萄50克，芹菜15克，蜂蜜15毫升。

做法

① 将香蕉去皮，切段；橘子一切为二，去皮和籽；芹菜洗净切段；葡萄一个一个分开洗净。

② 将香蕉、橘子、葡萄、芹菜一起放入豆浆机中搅打成汁。

③ 过滤，加入酸奶拌匀，调入蜂蜜搅匀即可。

【营养功效】

此款饮品甜酸适口，奶香浓郁，是餐桌上不可缺少的佐餐饮品。还能使人有效、迅速地消除疲劳。

🥄 小贴士

糖尿病患者，便秘患者，脾胃虚寒者不宜多吃。

芒果冰红茶

材料

芒果100克,冰红茶150毫升,白糖15克,冰块适量。

【营养功效】

芒果含有丰富的蛋白质、粗纤维、维生素A、维生素C、矿物质、糖类等,其果肉细腻、风味独特。

小贴士

对芒果过敏者不宜食用。

做法

① 芒果去皮、去核,取果肉切丁备用。

② 将芒果放入豆浆机中,倒入冰红茶,接通电源,按"果蔬冷饮"键。

③ 待汁制成,白糖和冰块搅拌至均匀即可。

芒果芦荟优酪乳

材料

芒果1个，芦荟、优酪乳、蜂蜜各适量。

做法

① 芒果去皮、去核，取果肉切丁备用。

② 芦荟撕去表皮，取透明果肉放入豆浆机，加入芒果丁、优酪乳、蜂蜜、适量清水。

③ 通电源，按"果蔬冷饮"键，搅拌打汁，一起打成果汁即可。

【营养功效】

芦荟富含维生素A，大黄素、糖类、月桂酸、肉豆蔻酸、油酸等营养素，有增进食欲、强心活血、提高免疫力的作用。

小贴士

使用优酪乳时，其离开冷藏的时间最好不要超过一小时。

哈密瓜毛豆汁

材料

哈密瓜200克，毛豆50克，柠檬100克，带糖凉开水、蜂蜜、碎冰各适量。

【营养功效】

此果汁富含维生素C，有美白养颜、润肤活肤的功效。

🍳 小贴士

柠檬味酸，可依照个人口味适当添加。

做法

① 哈密瓜、柠檬去皮，去籽，切小块，毛豆洗净。

② 将哈密瓜、柠檬、毛豆、蜂蜜、碎冰一起放入豆浆机中，倒入带糖凉开水，接通电源，按"果蔬冷饮"键。

③ 待汁制成，搅拌至均匀即可。

西红柿哈密瓜汁

材料

芹菜70克，西红柿100克，熟鸡蛋1个，哈密瓜100克，柠檬20克，带糖凉开水适量。

做法

① 芹菜洗净，切小段，加少许带糖凉开水，放入豆浆机内。

② 西红柿、哈密瓜分别削皮，切小块；柠檬剥除内层薄膜，切小块；西红柿块、哈密瓜块、柠檬块一起放入豆浆机内，接通电源，按"果蔬冷饮"键。

③ 最后将熟鸡蛋捣碎，慢慢倒入制好的果汁中拌匀。

【营养功效】

鸡蛋蛋白富含维生素 A、卵磷脂，有清热解毒、润肺利咽的作用，还可增强体力、消除疲劳，适合运动后饮用。

🍳 小贴士

发热口干、暑热烦渴、食欲不振、牙龈出血等病症者适宜食用。

红豆香蕉酸奶汁

材料

香蕉300克，红豆50克，酸奶适量。

【营养功效】

酸奶有促进胃液分泌、提高食欲、加强消化的功效。

🍳 小贴士

酸奶中的活性乳酸菌，如经加热或用开水稀释，便大量死亡，不仅特有的风味消失，营养价值也损失殆尽，所以制成的果汁要放凉后才能加入酸奶。

做法

① 红豆洗净，用温水浸泡4小时；香蕉去皮，切成块状。

② 把香蕉、红豆一起放入豆浆机中，加少量水，接通电源，启动豆浆机。

③ 待汁成，晾凉，倒入酸奶搅匀即可。

胡萝卜苹果汁

材料

胡萝卜 400 克，苹果 200 克，糖水适量。

做 法

① 胡萝卜洗净，去皮，切丁捣碎成泥；苹果削皮，去核，切丁。

② 取豆浆机，依次放入胡萝卜泥、苹果丁、糖水，通电源，按"果蔬冷饮"键，搅拌打汁。

③ 入冰箱冷藏即成。

【营养功效】

苹果含有果胶、有机酸、钙、磷、镁等物质，有提神醒脑之功效，与胡萝卜同饮，可养颜除斑，使肌肤润泽有弹性。

小贴士

苹果去皮切丁后，放在盘内敷上保鲜膜，放入冰箱待用。

南瓜汁

材料

南瓜100克，牛奶250毫升。

【营养功效】

南瓜能起到降脂减肥的作用。根据喜好可以制作风味不同的冷热饮品。

🧑‍🍳 小贴士

南瓜切开后再保存，容易从心部变质，所以最好用汤匙把内部掏空再用保鲜膜包好，这样放入冰箱冷藏可以存放5~6天。

做 法

① 将南瓜去皮、切小块。

② 将南瓜放入豆浆机中，注入牛奶，接通电源，按"果蔬冷饮"键。

③ 待汁制成，搅拌至均匀即可。

浓情甜蜜蜜

材料

西瓜 200 克，菠萝 100 克，青柠檬汁 15 毫升，冰块适量。

做 法

① 将西瓜和菠萝分别去皮、切小块。

② 将西瓜块、菠萝块放入豆浆机中，加入适量清水。

③ 通电源，按"果蔬冷饮"键，搅拌打汁，一起打成果汁。

④ 将冰块加入杯中，注入搅拌好的果汁。

⑤ 最后注入青柠檬汁，搅拌均匀即可。

【营养功效】

菠萝性平，味甘、微酸，具有清暑解渴、消食止泻、补脾胃、益气血、消食、祛湿、养颜瘦身等功效，为夏令医食兼优的时令佳果。

🍳 小贴士

菠萝和鸡蛋不能一起吃，鸡蛋中的蛋白质与菠萝中的果酸结合，易使蛋白质凝固，影响消化。

图书在版编目(CIP)数据

豆浆机美味食谱 / 犀文图书编著. -- 北京 : 中国
农业出版社, 2015.1
("煮"妇的时尚新厨房)
ISBN 978-7-109-20083-8

Ⅰ. ①豆… Ⅱ. ①犀… Ⅲ. ①豆制食品－饮料－制作
Ⅳ. ①TS214.2

中国版本图书馆CIP数据核字(2015)第001476号

本书编委会:辛玉玺　张永荣　朱　琨　唐似葵　朱丽华
　　　　　　何　奕　唐　思　莫　赛　唐晓青　赵　毅
　　　　　　唐兆壁　曾娣娣　朱利亚　莫爱平　何先军
　　　　　　祝　燕　陆　云　徐逸儒　何林浈　韩艳来

中国农业出版社出版
(北京市朝阳区麦子店街18号楼)
(邮政编码:100125)
总 策 划　刘博浩
责任编辑　程　燕
————————————————
北京画中画印刷有限公司印刷　新华书店北京发行所发行
2015年6月第1版　2015年6月北京第1次印刷
————————————————
开本:787mm×1092mm　1/16　印张:8
字数:150千字
定价:29.80元
(凡本版图书出现印刷、装订错误,请向出版社发行部调换)